中国儿童好问题百科全书
CHINESE CHILDREN'S ENCYCLOPEDIA OF GOOD QUESTIONS

地球万象

主编 鞠萍

U0256338

中国大百科全书出版社

绿色印刷　保护环境　爱护健康

亲爱的读者朋友：

　　本书已入选"北京市绿色印刷工程——优秀出版物绿色印刷示范项目"。它采用绿色印刷标准印制，在封底印有"绿色印刷产品"标志。

　　按照国家环境标准（HJ2503-2011）《环境标志产品技术要求 印刷 第一部分：平版印刷》，本书选用环保型纸张、油墨、胶水等原辅材料，生产过程注重节能减排，印刷产品符合人体健康要求。

　　选择绿色印刷图书，畅享环保健康阅读！

北京市绿色印刷工程

图书在版编目（CIP）数据

地球万象 /《中国儿童好问题百科全书》编委会编

著 . --北京 ：中国大百科全书出版社，2016.7

（中国儿童好问题百科全书）

ISBN 978-7-5000-9896-6

Ⅰ.①地… Ⅱ.①中… Ⅲ.①地球—儿童读物 Ⅳ.①P183-49

中国版本图书馆CIP数据核字（2016）第141609号

中国儿童好问题百科全书

CHINESE CHILDREN'S ENCYCLOPEDIA OF GOOD QUESTIONS

地球万象

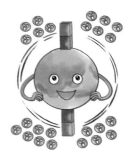

中国大百科全书出版社出版发行

（北京阜成门北大街17号　电话 68363547　邮政编码 100037）

http://www.ecph.com.cn

鸿博昊天科技有限公司印刷

新华书店经销

开本：710毫米×1000毫米　1/16　印张：4.5

2016年7月第1版　2016年7月第1次印刷

印数：00001～10000

ISBN 978-7-5000-9896-6

定价：15.00元

诺贝尔奖获得者

李政道博士的求学格言：

求学问，需学问；
只学答，非学问。

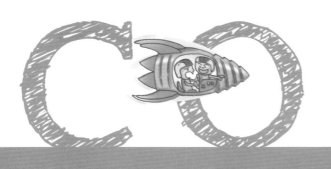

怎样提出好问题 /70~71

姓　　名：G. 伽利略

生卒日期：1564.02.15～1642.01.08

身　　份：意大利物理学家和天文学家，近
代实验科学的奠基者之一。

成　　就：发明温度计和望远镜

伽利略问 星星和太阳哪个离我们近？

伽利略是意大利著名的物理学家和天文学家。他小时候就特别爱动脑筋。

八九岁时，伽利略就喜欢自己动手做一些"会动"的玩具。晚上他喜欢在外面观察星星，还常常向大人们提出一些在他们看来稀奇古怪的问题，比如，星星和太阳哪个离我们近？月亮上是不是像我们的世界一样？

当时，谁也回答不了他的问题。强烈的求知欲望，促使伽利略不断地去研究、探索。1609 年，伽利略制成了天文望远镜，他用这架望远镜去观察宇宙太空，结果发现，月亮和我们生存的地球一样，有山脉，也有洼地。

他还观察到月亮上有亮的部分，也有暗的部分，月亮自身并不能发光，月亮的光是从太阳那里得来的。此外，伽利略还发现木星有四颗卫星；金星和月亮一样有盈有亏；土星有光环；太阳有黑子，能自转；银河是由千千万万颗暗淡的星星所组成。他还用实验证明了哥白尼的"地动说"，否定了亚里士多德和托勒密的"天动说"。

你看，善于思考，有自己独立的见解，对于一个人来说是多么可贵呀！

是星星近？还是太阳近？

吊灯的启示

　　1583 年的一个星期日，伽利略穿戴整齐，随着做礼拜的人群走进比萨大教堂。当天站在神坛上主持弥撒的神父枯燥地念着教义，伽利略听得很乏味，他便仰起头，两眼漫无目标地四处张望。突然，他的目光停在穹顶中央的一只吊灯上。它在穹顶上轻轻摆动着，划出一道漂亮的弧线。看着看着，伽利略发现：吊灯随着风吹而摆动，摆动的弧线时长时短，但不管摆幅是多大，吊灯往返的时间好像是一样的。当时还没有精确的计时手段，伽利略为了确认自己的想法，就用自己的脉搏来测量时间。他一边把右手指按在左手腕上，一边两眼盯着吊灯，心中默数着："一、二、三……"

　　当时的场面显得很特别，教徒们都虔诚地埋着头，喃喃祈祷，只有年轻的伽利略扬着脑袋，目不转睛地盯着吊灯出神。他反复测量好多次，得出了结论：不管吊灯摆动的距离是长是短，它往返所需的时间总是一样的！

　　这个发现使伽利略很惊奇。他通过反复实验，终于找到了摆的周期定律。他的研究方法也开创了近代实验科学研究的先河。

我小时候是这模样?

从 进化论的角度看，地球当然不会回到从前。

好奇指数 ★★★★★

地球会回到30多亿年前的样子吗

科学家认为，地球作为一个行星，它产生于原始的太阳星云。但地球的表面十分年轻，在5亿年的短周期中，不断重复着侵蚀与构造的过程，地球的大部分表面被一次又一次地形成和破坏。这样一来，地球上早期的历史都被清除了。

但最新的研究认为，地球从46亿年前诞生起，它最初的外观就没有发生什么实质性的变化。科学家们发现，地球上最古老的大陆性外壳石头，存在于44亿年前，从而否定了在最初的海生物种上岸之前，地球全部被海水覆盖的理论。这说明，地球从诞生的最初时刻，就适合于生命的孕育和发展，没有发生过实质性的变化。

你知道吗？1999年6月16日，地球上的人口已经达到了60亿，而且还在逐年增长，到目前为止，已有70多亿。人口数

好奇指数 ★★★★★

人口数量不断增加，地球会承受不了吗

量的不断增加，给地球带来了沉重的压力。一个人的一生，要消耗大量的资源，如喝水要消耗淡水资源，做饭要消耗煤、天然气等地下矿藏，而这些资源都是有限的，大多是不能再生的。

除去资源的消耗外，过多的人口也加重了地球环境的"负担"。汽车尾气的大量排放，造成大气中二氧化碳的含量急剧增多，并产生"温室效应"，导致气候异常。除大气污染外，还有水污染、白色污染等，都让地球越来越难以承受。频繁发生的自然灾害就是地球痛苦的"呻吟"！

因此，我们必须控制人口的发展，使人口数量与地球环境和资源相适应。

早期，人类不知道地球是一个巨大的圆球体。后来，欧洲的探险家们进行环球探险航行，证明了地球是圆的。

好奇指数 ★★★★★

为什么地球上的河水和海水洒不出去呢

圆形的地球表面分布着陆地和海洋，陆地约占据地球表面的 29%，海洋约占 71%。地球飘浮在宇宙中，并且还在不停地旋转着，这些流动着的河水、海水为什么洒不出去呢？

这个问题，英国大科学家牛顿给出了答案。牛顿发现了宇宙中的万有引力定律，这个定律说明，任何物体之间都有相互吸引力，引力的大小与各个物体的质量的乘积成正比，与它们之间距离的平方成反比。简单地说，就是质量越大的东西产生的引力越大。地球的质量产生的引力，足够把地球上的东西全部抓牢，所以海水是不会泼洒出去的。

地球的南北极处在地球的南端和北端。

北极的中心是北极海的中心海域，因为常年被冰雪覆盖，所以叫北冰洋。

好奇指数 ★★★★★

南北极的冰雪会融化光吗 ?

南极的中心是南极大陆。整个大陆终年白雪皑皑，白茫茫的冰原覆盖着南极洲面积的 95% 以上，冰层的平均厚度约 2000 米。人们称这里为"世界冰库"。

南北极的冰雪影响着地球的气候。近年来，由于全球气候变暖，覆盖南北极的冰盖面积连年缩小。

北极的变化尤为突出，那里的平均气温增加了 5.4℃，冰雪以每 10 年 8% 的速度在融化。如果按这样的速度发展，半个世纪到一个世纪以后，夏季里的北极就没有冰雪了。这样，地球上的海水就会升高，气候就会发生变化，其后果是极其严重的。

—— 个苹果从树上落下来砸在牛顿的头上，牛顿开始思考为什么苹果往下落而不往上"落"，这触发了他划时代的发现——"地球引力"。

好奇指数 ★★★★★

既然地球会转，为什么房子能待在原地不动

　　地球的向心吸引力是非常巨大的。只有使物体的运动速度达到每秒 7.9 千米（第一宇宙速度），它才能在太空绕着地球转，成为地球的卫星。

　　如果使物体的运动速度达到每秒 11.2 千米（第二宇宙速度），它就可以克服地球的引力飞出地球，宇宙飞船就是按照这个原理制造的。

　　地球的引力是以地心为中心的，由于这一巨大的引力，地球上的所有物体都被"吸"在地球上，不会因为地球在转动而被"甩"出去。

地球自转一圈是一个地球日，我们称为一天。地球自转的速度是不均匀的，而且还在逐渐减慢，如现在的一天比20世纪的一天长了2.3毫秒。但是，我们也没有必要担心有一天地球会停止自转。

地球会不会哪天突然不转了

影响地球自转周期的，是月球和太阳对地球的引力作用，潮汐就是因月球和太阳对地球各处的引力不同，引起的水位、地壳、大气的周期升降性现象。它对地球起着"制动"作用。月球的作用尤其大，因为它离地球更近。地球自转速度的减慢，必然导致地球和月球距离的逐渐增大（阴历的月也相应延长），以达到新的平衡。

当有朝一日地球的自转周期等于月球绕地球公转的周期，即一天等于一个月时（一些天文学家估计相当于现在的50天），月球的潮汐作用就停止了，这时地球的自转就不再减慢，转而加快。如此周而复始，所以地球在消亡之前是不会停下不转的。

地球存在约有 46 亿年了，至于未来地球还能存在多久，还是一个未知数。地球的命运由不得它自身，外来的因素决定了它"寿终正寝"之时。

太阳要是有个"三长两短"，就会殃及地球。目前太阳处于中年时期，太阳中储备的氢元素，可供太阳继续燃烧 50 亿年。之后，太阳将会极度膨胀，进入"红巨星"阶段。地球会变得越来越热，水分蒸发，生物也都被烤焦，甚至像靠近太阳的水星、金星那样被太阳完全吞没掉。

也许地球的毁灭根本等不到几十亿年之后，中途就有可能因为受到外来天体的撞击而"粉身碎骨"，但这种可能性极低。值得安慰的是，按科学家的预计，人类应该能够在地球毁灭前找出让地球远离太阳的办法，或进行外星移民。

好奇指数 ★ ★ ★ ★ ★

为什么有永远不融化的冰山

有冰山的地方，常年气温在 0℃ 以下，所以冰山不会融化。

在地球南极大陆，98% 的地域被冰盖覆盖。冰盖的直径约 4500 千米，平均厚度为 2000 米，最厚处达到 4776 米。夏季，南极冰盖延伸到海水中的面积也达到 265 万平方千米，冬季可扩展到 1880 万平方千米。

南极素有"寒极"之称，南极低温的根本原因是，南极冰盖将 80% 的太阳辐射反射掉了，致使南极的热量入不敷出，成为永久性冰雪大陆。幸亏南极非常寒冷，让那里的冰雪不能全部融化。如果南极的冰雪都融化了，全球的海平面将上升大约 60 米。到那时恐怕世界上许多沿海国家和城市都被海水淹没了。

这么大的反光镜，好法宝！

孙大圣过奖了！

现在的科学研究结果表明，地球的年龄约有46亿年。在35亿年前，地球上出现了单细胞生物；10亿年前开始出现有性生殖；7.5亿年前有多细胞植物出现；较复杂的动物，

好奇指数 ★★★★★

**人类是否
已经出现
过一次**

如虾等，约出现在3亿年以前；约5000万年前开始有灵长目动物；到2000万年前出现猿类；而直立的猿人约出现在500万年前；周口店的猿人出现在150万年前；10万年前开始有农耕生活；约5万年前才有人类的文明。依据这样的进化观点，人类以前是没有出现过的。

也有的科学家不认同进化论的观点，他们将人类的出现归结于地球以外的偶然，就是说人类不是地球生物自身演变的结果，而是由宇宙深处来的高智慧生物创造的。但这种说法目前还没有任何依据。

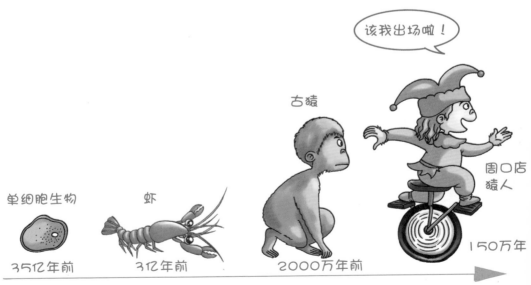

该我出场啦！

古猿

周口店
猿人

单细胞生物　　　　虾

35亿年前　　　3亿年前　　　2000万年前　　　150万年

我们都知道海水是咸的，因为海水中含有各种盐类，其中大部分是我们每天都要吃的食盐——氯化钠。关于海里这么多盐是从哪里来的，有两种说法。一种认为，海水最初含有的盐分很少，现在海水中的盐是由陆地上的江河水带来的。陆地上的土壤和岩石里，含有许多盐分，当雨水降到地面上时，溶解了盐分，最后都流进海洋中。海水经过天长日久的不断蒸发，盐的浓度越来越高，海水就成了现在这样又咸又苦了。另一种认为，最初的海水就是咸的。提出这种观点的科学家，在长期观测海水中盐分的变化后发现，海水中的盐分并不是随着时间而增加的。

好奇指数 ★ ★ ★ ★ ★

河水、湖水里都没有
盐，海水里的盐
是从哪里来的 ？

大 约50亿年前，太阳系诞生了，又过了4亿～5亿年，地球开始形成。关于太阳系的起源和地球的形成，有几种假说，而比较为人们所接受的是"星云说"。

好奇指数 ★★★★★

 地球是怎么从宇宙里冒出来的？是什么时候的事

太阳系在形成之前，是一片由炽热气体组成的球状星云。随着星云冷却收缩，旋转速度也逐渐加快。由于离心力的作用，星云变成了扁的圆盘状，并把外围物质"甩"出来，形成一个旋转的圆环。就这样，一个又一个圆环产生。最后，星云中心部分变成太阳，周围的圆环凝聚成了行星，其中一颗就是地球。

原始地球形成之后，由外往内慢慢冷却，产生了一层薄薄的硬壳——地壳，这时候地球内部还是炽热的状态，不断喷出的气体，形成了原始大气层。后来，大气温度下降，大气中的水蒸气变成了水，形成了原始的海洋。

地球形成时，表面上没有大气，所以也没有氧气。直到大约 25 亿年前，原始海洋中出现了一种蓝绿藻生物，它们开始通过光合作用大量制造氧气。大约过了 7.5 亿年，大气中的氧气含量终于升至 21% 的水平并保持至今。

地球上自从出现了人类，特别是人类进入现代社会以后，由于人类活动，自然界的森林覆盖率大大下降，大气中的二氧化碳浓度增大……但为什么大气中的氧气含量没有发生变化？亿万年之后，它还能保持不变吗？这对于我们来说真的是一个谜。

因为按照教科书中的氧气循环图，氧气制造者（森林和植被）减少，消耗者（人和动物）增多，大气中的氧气应该越来越少才对。而随着二氧化碳浓度的增高，按理氧气也应该相应减少，否则二氧化碳中的氧从哪里来呢？可见，人类对于像大气这样最常见、最普通的系统仍然知之甚少。

好奇指数 ★★★★★

地球上的氧气会不会被用光？

灰尘在我们生活中无处不在，有时它们会携带细菌和病毒到处飞扬，把疾病传染给人们。过多的灰尘还会造成环境污染，诱发我们呼吸道等的疾病。所以，灰尘是我们身体健康的大敌之一。

但是，灰尘也有对我们有利的一面，如空气中的水汽凝结成云就需要灰尘的参与。水汽最初要吸附在灰尘颗粒上，然后不断地与其他水汽结合，最后形成云层，抵挡宇宙中的有害射线闯入地球表面。灰尘还能反射阳光，使太阳光得到散射、折射和吸收等，这样天空就不会太亮或太黑。所以，灰尘并不完全是有害的，在增加云、雨形成的机会和调节地表的气温等方面，它们还是有功劳的。

好奇指数 ★★★★★

灰尘有用吗？

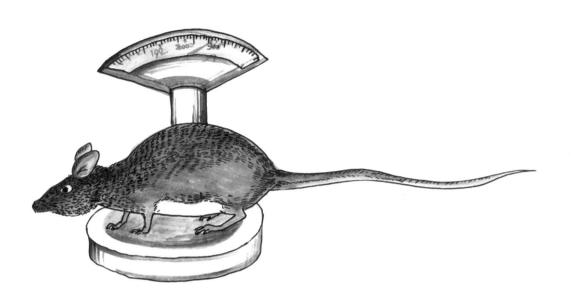

远古的蜻蜓双翼展开时有近 1 米宽，而原始人的高度则比现在矮了几十厘米。那么，几百万年甚至更远之后的生物又会是什么样子呢？

好奇指数 ★★★★★

 未来生物会是什么样子呢

科学家对此进行了大胆的预测：当今地球上生命力极强的啮齿动物，如鼠类中的一种，为抵御冰河时期的严寒，未来可能进化成体重达百余斤、皮毛厚实的巨型鼠；具有很强适应性的一种兀鹰，未来可能进化成高达两米多的、失去飞行能力的巨鸟，它将成为荒漠草原上强大的掠食性动物……

那么人类究竟会走向何方呢？有科学家预测：100 万年后，人类的种族特性会逐渐消失，成为单一的人种。基因技术打造的"超人"以及适应宇宙生活的"宇宙人"将出现，甚至人类会被当今世界上进化速度最快的物种——智能机器人所取代。

好奇指数 ★★★★★

为什么地球另一边的人不会头朝下

根据牛顿的万有引力定律，任何两种物体之间都有引力。地球是一个质量非常大的球体，对地球上所有的物体包括人，都会产生强大的吸引力。这股吸引力指向地球的中心，它使得所有的物体都有向地心运动的趋势。由于这种趋势，人们产生了上、下的分别，把指向地心的称为下，指向天空的称为上。所以，人们头朝上、脚朝下。在地球另一边的人，也同样受到了指向地心的地球引力的作用，也就同样是头朝上、脚朝下了。

法 国科幻作家凡尔纳写过一篇著名的小说《地心游记》，看过的小朋友都想去地心玩儿。遗憾的是，人类目前还没有能力到达地心。

好奇指数 ★★★★★

人能到地心去旅行吗

要去地心旅行，首先要在地球上钻出一条直达地心的隧道。地球从外到内分为地壳、地幔、地核 3 层。地心在地核的中心，距离地球表面 6000 多千米。要钻到那儿需要一个 6000 多千米长的钻头。我们显然找不到这么长的钻头，即使找得到，地核那儿三四千摄氏度的高温，也会立刻把钻头熔化掉。

科学家曾在长长的金属棒前端装上坚硬的钻石钻头，钻到了地下 12 千米的深处。要钻到更深的地方，还有待于材料技术、钻探技术的进一步发展。

南极和北极的气温要比世界别的地方低得多。南极还要比北极的年平均气温低8℃，这是为什么呢?

好奇指数 ★★★★★

南极和北极都是地球的两极，为什么南极比北极冷

第一，北极的北冰洋有1310万平方千米，海水散热慢。北冰洋的冰层比较薄，海水把吸收的太阳光的热量慢慢散到北极地区。

第二，北极的冰比南极少，冰川仅有南极的十分之一。南极是世界第七大洲，它的陆地面积是比较小的，而南极的冰层要厚多了，南极大陆绝大部分地区处于厚厚的南极冰盖下。冰盖使南极的平均海拔高度比其他六大洲高出1500米。南极的冰盖像镜子一样，把照到地面的热量几乎全部反射到空中。

所以，南极比北极冷，年平均气温只有-25℃，南极的酷寒使南极的降水只能以冰霰的形式降落到广袤的冰原上，终年不化。

你这里够冷的！

为了测出地球的年龄，科学家们最初想到了海洋，先是根据海水中的含盐量，后又根据海洋中沉积岩的厚度来判断，但结果都不太准确。

好奇指数 ★★★★★

科学家怎么知道地球的年龄的

后来人们发现，地球内的放射性元素的衰变速度很稳定，是一种稳定可靠的天然计时器，如 1 克铀 –238 一年中有 1/74 亿克衰变为铅和氦。于是，科学家们就选择含铀的岩石，测出其中铀和铅的含量，这样就比较准确地计算出了岩石的年龄。用这种方法，推算出地球上最古老的岩石有 38 亿年了。因为在地壳形成之前，地球还经过表面熔融状态时期，加上这段时期，就可以算出地球的年龄应该是 46 亿岁了。

人类的进化历程从来没有停止过。从出现第一批直立古猿以后，人类就开始了漫长的进化历程。人的脑袋越来越大，越来越聪明，现代

50万年后的人类跟现在还一样吗

人的大脑体积几乎是古猿的3倍。人的双脚开始适应奔跑和直立行走，这样，双手被解放出来，变得十分灵巧。

专家们预测，由于人类对脑力的依赖大大超过了体力，50万年后，未来人的大脑体积还将增大，而肢体渐渐退化，最后变成大脑袋、小身体的模样。

有科学家还专门塑造出一种模样古怪的恐龙人，长着大脑袋、大眼睛，细长的四肢，与设想中的未来人很相似。他们认为，恐龙中有些种类曾经进化得很完善。若没有灾难性的恐龙大灭绝，有一种食肉恐龙早就进化成智慧生物了。

在 人的内耳中有一种被称为外淋巴的液体，与它一起的还有一些极细的感
觉细胞，被称为纤毛。纤毛在静止状态下是笔直竖立的。当人旋转的时
候，液体的外淋巴也会旋转，同时带动纤毛顺着旋转的方向弯曲，就像海底的水
草受海流影响而发生倾斜那样。而纤毛弯曲会让人产生眩晕的感觉。当转动的身
体停下来后，在惯性的作用下，外淋巴暂时停不下来，仍然要兜着圈子打旋儿片
刻。这一时间上的滞后，就是身体停止旋转后仍然会感到天旋地转的原因。

地球的旋转和人的
原地旋转不一样，因为
地球在不停地旋转，人
体内的结构已经适应了
这种旋转，所以人们不
会有头晕的感觉。

好奇指数 ★★★★★

地球一直在转，为什么我们不会觉得头晕

海底没有阳光，也没有氧气，海水压力还特别高，人们原以为那里不可能有生物存在。从 20 世纪 60 年代开始，人们进行了大量的深海探测，才发现海底不但有生物，而且种类繁多，有耐高温的细菌、棕色的贻贝、粉红色的鱼等几千种生物。

好奇指数 ★★★★★

海底有生物吗

那么它们是怎么生存的呢？科学家研究发现，这些生物大多生活在海底火山口或者热泉附近，这些地方丰富的热量能养活某些特殊的细菌，然后小动物吃细菌，大动物吃小动物，结果形成了一个不需要阳光的特殊生物圈。生活在海底的生物，身上还长着许多小孔，水流可以从此穿过，特别适应海底的高压。这就是它们生存的秘密。

死 海淹不死人。因为在死海的表层，每立方米含盐量达 230 千克～ 250 千克，比普通海洋高 5 ～ 6 倍。死海就像一个大盐库。水中含盐量高，水的浮力就大，游泳的人很容易浮起来，所以死海淹不死人。

好奇指数 ★★★★★

死海是不是
淹死过
许多人 🌐 ❓

死海之所以叫死海，是因为海水太咸，除了细菌，水中长不出其他生物，人们就给它取了这么一个形象的名字。

好腥呀!

大海的腥味是由一种叫二甲基硫醚的化学物质产生的。科学家研究发现，二甲基硫醚的产生与海洋微生物的活动有关。

好奇指数 ★ ★ ★ ★ ★

大海的腥味
是从哪里来的？

海边的淤泥里面有一些微生物，它们以海洋生物的腐烂残渣为食物。当身边出现海洋生物的腐烂残渣时，这些微生物体内的一种特定基因开关就会打开。这种基因能够控制一种酶的产生，这种酶会促使产生大量的二甲基硫醚。

大海上每年都会产生大量的二甲基硫醚，这种气体飘浮在海面上，能够影响海面上空云的形成，还会对地球的气候产生影响。

好奇指数 ★★★★★

 海底能住人吗

海底现在还不能住人。在海底住人有很多问题没解决。一是压力问题。海洋中，海水一般都有几百米到几千米深，如果在这么深的水底建房子的话，海水会对它们产生巨大的压力。现在，人们还没有生产出能承受这么大压力的建筑材料。二是空气或氧气问题。水底没有氧气，可人离开氧气不能生存。三是长期生活在水底，需要大量的能源和物资，可是把地面的资源迅速运到海底，目前还无法做到。只有在海底创造出足够的财富，并且找到可开发利用的能源，人类才有可能移民在海底居住。

想跟我抢地盘，哼哼，走着瞧！

龙宫

海 水是几乎所有江河水的尽头，也是几乎所有江河水的源头。海洋、大气、河流，形成了自然界水的循环。

好奇指数 ★★★★★

百川东到海，海水向哪儿流

海洋里的水有一部分流向了空中。由于太阳的照射，海洋表面的液态水会转化为气态水进入大气。这些从海洋中出来的水汽，会随着气流的移动而移动，有一部分水汽被气流带到陆地，遇冷凝聚后又以降水的方式落到地面，成为江河水的补充部分，流向大海。

海洋里的海水除了蒸发成水蒸气以外，不会流到海洋外面去。但在海洋中，有几条巨大的海流，就像陆地上的河流一样在大洋深处流动，这些海流表面上是看不见的，但它却让大洋间海水实现了交流，对海洋生物和地球气候也会产生很大的影响。

当海啸袭来时，有时海水会突然退到离岸边很远的地方，好像被卷走了一样。海水被卷到哪里去了呢？

发生海啸时，海水被卷到哪里去了

其实海水哪里也没去，它还在海里呢！出现海面下落，是因为海啸冲击波的波谷先抵达海岸了。波谷就是海啸波浪中最低的部分，它如果先登陆，海水就会后退。后退的海水又加入到后面就要到来的巨大海浪中。海啸冲击波与一般的海浪不同，它的波长很大，波谷登上陆地后，要隔开相当一段时间，波峰才能到达。当海啸波进入近海岸后，由于深度变浅，波高突然增大，这种波浪运动所卷起的海浪，高度可达几十米，冲上陆地后，会给人类生命和财产造成严重的损失。

海水冒泡，海啸要到！

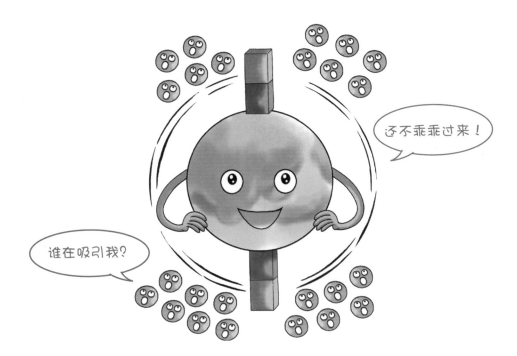

在南、北极地区，位于100千米以上的高空，常会出现鲜艳的极光。它是天空中一种奇特的自然光，是宇宙中的一种大气物理现象。为什么极光只在地球的南、北极地区频繁出现呢？

好奇指数 ★★★★★

 极光为什么只在南、北极出现

我们知道，地球本身就像一个巨大的吸铁石，它两端的磁极，也就是地球磁场的磁南极、磁北极，分别在地球南、北极地区。当太阳放射出来的大量带电微粒射向地球时，受到地球南、北磁极的吸引，便纷纷向南、北极地区涌入。当它们遇到大气中的气体原子时，便发生碰撞，同时发射出红、绿、蓝等不同色彩的光。所以，极光都集中出现于南、北极地区。

由于极光的出现与天体的磁性有关，所以在其他有磁性的天体上也能见到极光。

夏天天气炎热，强烈的阳光把大地烤得滚烫，容易产生大量的近地面湿热空气。这些湿热空气由于密度小就快速上升到高空，但那里的温度

好奇指数 ★★★★★

夏天那么热，为什么还会下冰雹？

低（有时可低到 –30℃），湿热空气的温度会急剧下降。这时，热空气中的水汽遇冷先凝结成水滴，并很快凝结成小冰珠。而小冰珠在云层中上下翻滚，像滚元宵一样将周围的水滴不断沾附在冰珠上并结成冰，变得越来越重，最后就从高空掉落下来，这就是冰雹。

冰雹是在地面和高空的温度高低相差很大的情况下产生的，而四季中只有夏季才会出现温度相差很大的情况，所以在炎热的夏天会下冰雹。

冻雨从空中降下时是雨滴，落到地面上却是冰，所以气象学上称它为冻雨。这种雨滴从空中落下时低于 0℃ 而没有冻结，叫过冷却水滴。过

好奇指数 ★ ★ ★ ★ ★

冻雨是怎么回事？雨怎么会冻起来呢

冷却水滴一落到温度在零下的地面或树枝、电线上时，就会在这些物体上冻结成一层外表光滑、晶莹透明的冰壳。

　　每年的冬季和早春时节，在我国贵州、湖南等地区，有时接近地面的温度比高空的温度还低。当地表温度在零下时，就为从空中降下的雨滴形成冻雨创造了条件。冻雨是一种灾害性天气。它冻结并积累后非常重，能压断电线、电话线或树枝，还能冻死农作物和蔬菜，严重的冻雨会压塌房屋。地面上的冻雨会影响交通。

快来吃！天然冰糖葫芦。

水珠不管是从水龙头口里滴下来，还是从树上滴下来，我们都注意到了它下面大、上面小，这是因为有重力作用。重力是物体受地球吸引产生的力，方向竖直向下。

好奇指数 ★★★★★

水珠为什么是下面大、上面小

水珠中的水分子之间存在着引力，它们互相吸引，产生了一种向里拽的作用力，如果没有其他外力的作用，水珠会呈现圆球形。但由于重力的作用，水珠产生了一种向下的力，又受到空气的碰撞和挤压，水珠在下降的过程中，各个方向受的力不同，所以出现了下面大、上面小的现象。

雨滴就是典型的例子。

世界上没有笔直的河流，平地上的河流也是弯弯曲曲流动的。

造成河流在平地上弯曲的原因很多，但主要的原因是地质构造不同引起的。例如，河床的一侧河岸是坚硬的岩石，另一侧河岸是松散的泥沙，岩石河岸比较坚固，泥沙和土层河岸就容易被冲毁，这时河床就会发生改道。

好奇指数 ★★★★★

河流在平地为什么也弯曲

土质化学成分不同也可造成河流发生弯曲。河床一侧的土质含酸、碱度高，河水将酸碱溶解后，对河床这一侧的侵蚀作用加大，造成河岸的毁塌，致使河床改道。

河床某一侧发生环流也可造成河流弯曲。因为环流会对这一侧河岸产生巨大的冲刷作用，导致河床弯曲，河流自然会弯曲的。

河水流到平地后，水流减慢，在某一侧可能造成沉积滩地，滩地阻碍水流畅通，迫使河床向没有滩地的一侧转移，也会使河流弯曲。

我们都知道人在室内说话时声音显得大，同样的声音在室外就显得小。因为声音在室内反射回来得多，在室外反射回来得少。下雪天，落在地上的雪松松散散，片片雪花间有很多空隙，声音进去后，能在众多的空隙中反射、反射、再反射，一直往里去，不再出来，或出来得很少很少。这样，大部分声音都被吸进去了，外面就显得很安静了。另外，下雪天，天气寒冷，出来活动的动物和人都少了，噪音也比平时小，加上雪花密度小，浮力大，落地时本身也没有什么声音，自然就安静多了。

好奇指数 ★★★★★

下雪时
为什么安静

吵死了，快把我耳朵堵上！

雪花真轻！

好奇指数 ★★★★★

放水池里的水时，为什么水流总是沿逆时针方向转下去

时，在出水口处都会形成一个水流漩涡，水流沿逆时针方向旋转流下去。

这种现象是由地球自转造成的。地球自转时，会产生自转偏向力。受这个自转偏向力的影响，地球上的物体运动时都会发生偏移，北半球向右偏，南半球则向左偏。所以，在北半球放水池里的水时，水流都是逆时针旋转流下去；到了南半球，水则是顺时针流下去。其实，不仅水是这样，龙卷风的旋转也受地球自转偏向力的影响，在北半球逆时针旋转。还有我国河流的北岸比南岸冲刷得厉害，也是因为受这个力的影响。

石头也叫岩石，有火山岩、沉积岩和变质岩三种。火山岩是地壳中的岩浆遇冷或喷到地面形成的。沉积岩是由风化物、火山物

好奇指数 ★ ★ ★ ★ ★

石头是怎样形成的？它能生长吗

质和有机物的碎屑在常温、常压下，经过石化作用形成的。变质岩是具有特殊结构特征的岩石，它是原先的岩石因地质条件和环境发生变化而形成的。我们平时看到的圆形石头，是以上三种岩石经过大自然风化、水流冲击等作用形成的。

岩石是不会再长的。有的石山为啥"长"高呢？其实它们不是在长，而是在两大地质板块挤压下隆起了。溶洞里的钟乳石为什么会"长"呢？因为溶洞里碳酸溶液不断地滴上去，溶液中的碳化物不断地沉积在钟乳石上，于是钟乳石就"长"高了。火山岩如果不再往上喷发岩浆，它自己也不会长大的。

光 是一种波，颜色是不同波长的光在人眼中的感官体验。人眼只能看到一定波长的光。人眼看不到的光并非没有颜色，有些动物可能会看到人类看不到的颜色。这样看来，地球上应该有我们没见过的颜色。

 地球上有没有我们从没见过的颜色

当光投射在物体上后，该物体会传送、吸收或反射不同的光。如树叶反射了绿光，但吸收了其他光，正常人的眼睛和视觉神经会处理树叶反射光，就会看到叶子呈绿色。

自然界中各种颜色的光，都可以由红、绿、蓝 3 种色光按一定的比例混合而成。据估计，人眼一共能区分约 1000 万种颜色。由于人眼构造的差异，每个人看到的颜色会有少许不同。因此，人对颜色的区分是相当主观的。

在夜晚，你若手拿一束火把在空中飞快地舞动，眼前就会呈现一条连续不断的"火环"。这种奇妙现象的产生与人的眼睛

好奇指数 ★★★★★

下雨时，雨珠为什么看起来像一条线

特性有关。当人的眼睛离开所看到的物体后，那个物体的影像并不马上消失，而是在眼睛视网膜上持续停留 0.1 秒～ 0.25 秒的时间。这种现象被称为"视像暂留"。这样，快速舞动火把时，由于"视像暂留"，第一个亮点在视网膜上还没有消失，第二个亮点又出现了，结果人眼看到的就是由连续的亮点形成的火环。电影就是根据这个道理，将一幅幅单个画面变成活动影像的。我们再来看下雨的情况。雨珠从空中落下时，当前一个雨珠的视像在人眼里消失前，后面的雨珠视像又进入人眼里，结果看起来就好像是一条线了。

冻

雨也是雨，只是雨滴在空中时没有冻结，当从天上降到地面时，碰到温度很低的物体或地面后，才结起一层透明或半透明的冰层，

 冻雨为什么不会变成雪和雹

形成冻雨。雪也是由高空中的水汽凝结成的，由于高空温度低于 0℃，它在降落前，已经凝结成了雪花。而雹是在夏季的强对流云团中形成的，云团上部温度也低于 0℃，在雨量丰富的云层里，雹胚随着气流升降，形成了一层层透明和不透明的冰层，雹块也就不断增大，落到地面时形成冰雹。可见，冻雨不会变成雪和雹，因为它在下降之后才变成固态，而雪和雹在高空中就已经是固态的了。

干吗跟我们学呀？！

雪花雪花变变变！

好奇指数 ★★★★★

雪花为什么是六角形的而不是别的形状呢

如 果你仔细观察，雪花的图案千姿百态，有的像星星，有的像纽扣，有的像树枝，但都是六角形的，这跟水结冰时的分子排列状态和冷却条件有关系。特别是空中的冷却条件，最容易使小冰晶长成六角形。这个六角形的小冰晶在空气中飘浮时，会碰到许多水汽，水汽又在小冰晶上凝结，小冰晶便不断长大，最后形成雪花落到地面上。如果空中的温度比较高，小冰晶可能会长成六角形的雪片，如果温度比较低，可能会长成六棱柱形的雪晶，但无论怎么长，雪花都会是六角形的。

好奇指数 ★★★★★

石头缝里为什么
会长出树？

树 的生命力非常顽强，只要有土壤、水分、阳光和一定的温度，就能孕育生长。石头缝里虽然空间狭窄，但基本具备了这些生长条件，所以当风把树的种子吹落到石头缝里以后，经过一段时间的孕育，树种就慢慢发芽，长成树了。

除非你搬家！

不过，不同植物的种子在萌芽阶段，对水分、空气和温度的要求不一样。如对水的要求，水稻为 40%，小麦为 45%，豌豆为 107%，大豆为 110%；对温度的要求，高粱、玉米、大豆、粟等为 12℃；对空气需要的量，大豆、棉花比水稻多。而树种对水、空气和温度的要求都不太高，所以石头缝里能长出树，但不能种庄稼。

老兄，能把脖子正过来吗？

好奇指数 ★★★★★

地球上 71% 的地方是海洋，为什么地球不叫水球

现在我们知道地球上 71% 的地方是海洋，但古代人并不知道呀。古时候人们生活在陆地上，无法认识到地球的全貌，加上古代航海技术落后，根本就不知道海有多大，而且大部分的人都居住在内陆，不知道大海有多么宽广。所以古人给地球起名字叫地球，不叫水球。

最近几百年来，人类的航海技术迅猛发展，人们对海洋和陆地的大小有了更多的认识。进入航天时代后，宇航员从太空清晰地看到，地球是一个以海洋为主体的蓝色水球。但出于习惯，大家还是把我们居住的星球称为地球。

海水之所以咸，是因为海水中有 3.5% 左右的盐类，其中大部分是氯化钠，还有少量的氯化镁、硫酸钾、碳酸钙等。正是这些盐类使海水变得又苦又涩，难以入口。

好奇指数 ★ ★ ★ ★ ★

海水为什么是咸的

科学家认为，地表水流冲刷、侵蚀地表岩石，岩石中的盐分不断地溶于水中，这些水流又不断地汇入大河，奔腾入海，这样大海就成了盐类的最终聚集地。另一方面，大海底部的火山爆发、岩浆溢出等，都会把地下深处的盐分带上来，不断地给海洋增加盐类。所以，海水是咸咸的。

我 们知道，太阳光是由红、橙、黄、绿、青、蓝、紫七色光组成的。阳光射入大气层，遇到空气中的微粒，这些有颜色的光会被分散出来，这叫散射。

好奇指数 ★★★★★

傍晚为什么
会有晚霞

由于光波波长不同，最先被散射出来的是蓝紫光，最后被散射出来的是红橙光。

在白天，太阳几乎直射大气层，散射的蓝紫光较多，蓝色占优势，而红橙光散射少，穿透力强，直接射到地面了。所以我们看到的天空呈蓝色。到了傍晚，太阳斜射地球，光线要穿过比中午更厚的大气层，蓝紫光在大气中先散射完了，到近地面时，剩余的红、橙、黄光散射较多，红橙光占优势。这些光照射在天空中和云层上，就形成了美丽的晚霞。

水 是无色透明的液体，把水放在红色的杯子里，看起来是红色；放在绿色的杯子里，看起来就是绿色。其实，不管红色还是绿色，都不是水的颜色。

春天，万物生长，池子里长有许多水草、水藻和微生物，它们大多都是绿色的，这样就把水映绿了。而且池子四周的树木、小草等绿色植物倒映水中，也能把池子里的水变得更绿。

好奇指数 ★★★★★

春天，池水
为什么会变绿？

这里适合生活！

这里地质变化多端。

和外星人有关吗？

北纬30° 线很神奇。其沿线周围有世界上最高的珠穆朗玛峰和最深的马里亚纳海沟。埃及的尼罗河、中国的长江、美国的密西西比河等世界级大河流，

好奇指数 ★★★★★

北纬30° 周围为什么那么神奇可怕

也都在这一纬度入海。更神奇的是北纬30° 附近还有许多文明之谜，如古埃及金字塔群、狮身人面像、北非撒哈拉沙漠的火神火种壁画、玛雅文明遗址等。但北纬30°线也很可怕，因为令人恐怖的百慕大三角区，就位于这里。

有科学家解释说，珠穆朗玛峰和马里亚纳海沟是地球板块运动形成的。北纬30° 附近的环境适宜人类生存，所以才留下这么多的文明。而百慕大三角区的魔力，可能与地球的磁场变化有关。当然，许多谜底还在深入研究之中。

好奇指数 ★★★★★

当站在北极点上时，哪里是北方？哪里是南方

人们通常所说的北极并不仅仅限于北极点，而是指北极圈（北纬66°33′）以北的广大区域，也叫北极地区。

北极地区包括北冰洋、边缘陆地海岸带及岛屿、北极苔原和最外侧的林带。如果以北极圈作为北极的边界，北极地区的总面积是2100万平方千米，其中陆地部分占800万平方千米。

北极点是地球自转轴与固体地球表面的交点。当你站在北极点上时，四面八方都是南，没有北，只需原地转一圈，便可自豪地宣称已经环绕地球一周了。当你站在南极点上时，则四面八方都是北，没有南。

海洋水量占97.3%

真咸，太难喝了。

吸不出水来。

好喝，可水太少了。

人类能利用的淡水量很少很少

冰川、冰帽水量占2.14%

地球上有丰富的水，分布也很广泛，地球表面约71%被水覆盖着，因而地球也有"水球"之称。水在海洋、地表、地下、天空等地方，循环往复，生生不息，的确取之不尽、用之不竭。

好奇指数 ★★★★★

水是取之不尽、用之不竭的吗

然而，地球上的水分布是极不均匀的，其中97.3%分布在海洋中，冰川、冰帽的水量仅占地球总水量的2.14%，其余的0.56%则分布于土壤、地下、湖泊、江河、大气和生物体内。如果只看江河里的水量，就更少得可怜了，仅占到十万分之一。这表明，人类能够利用的淡水资源是有限的，不是取之不尽、用之不竭的。所以，我们要节约用水。

下雪是降水的一种形式，气象上称为固体降水。

雪花生长在一种既有冰晶又有过冷水滴的云层里，这种云称为冰水混合

云。在这种云层内，过冷水滴不断蒸发成水汽，水汽便源源不断地涌向冰晶的表面凝华，使冰晶逐渐增大，形成雪花。雪花升降时发生粘连，几经反复，便逐渐成为直径达几厘米的、像棉花又像鹅毛的雪团。当空气中的上升气流再也托不住这些雪花时，它们便从云层中飘落下来。冬天，由于地面气温在 0℃ 以下，雪花飘落到地面也不会融化成水，所以冬天下雪不下雨。

夏天由于地面气温高，即使高空形成雪花，雪花在下落时也会融化成雨滴，变成雨。只在高寒山区才能看到雪花。

怎么越来越重？我都托不住了。

海洋是生命的摇篮。氢气、氨气、甲烷等物质汇集在原始的海洋里，在火山、闪电和太阳紫外线能量的作用下，逐渐形成了包括氨基酸在内的一锅"有机汤"。在适当的条件下，这些有机小分子聚合成了原始的核酸分子和蛋白质分子，并形成了最初的细胞和最早的生命。

好奇指数 ★★★★★

地球上最早的生物是怎么形成的

海洋中最早出现的生物是细菌和蓝藻，它们连成形的细胞核都没有，被称为原核生物。后来出现了真核生物，细胞结构就完善了。

大约 5 亿～6 亿年前，地球上的生物突然有了一个爆发式发展，被称为寒武纪生命大爆发，现今各种生物门类几乎都有了最原始的生命代表。此后，从藻类、蕨类、裸子植物到被子植物，从无脊椎类、鱼类、两栖类、爬行类到哺乳动物，按照由简单到复杂，由低级到高级的规律，演化出今日地球上形形色色的生物。

地球上越来越多的生物濒临灭绝，同时一些新物种也不断被人们发现。2006年初，科学家就宣布，他们在印度尼西亚的丛林中，发现了人类从没见过的许多种鸟类、蝴蝶、青蛙和植物。

好奇指数 ★★★★★

现在地球上还有新物种出现吗

新物种的发现有两个主要原因：一是DNA技术的发展，许多以前被认为是一样的物种，其实是存在遗传差异的，完全可归为不同的物种；二是现在人们有能力对非常偏远的地区进行搜寻。南美的亚马孙热带雨林、非洲的刚果盆地以及辽阔海洋的深处，都被认为是新物种的"出产"宝地。

与此同时，生物的进化也无时无刻不在进行。数百万年、千万年之后，会出现许多现在难以想象的新物种，它们的模样可能与现有的物种完全不同，但却能适应未来的气候和环境。

当一个地方在下雨，而相邻的另一个地方却阳光普照时，我们会说"东边日出西边雨"。这是一种自然现象，尤其在夏天的时候，经常出现。

好奇指数 ★★★★★

"东边日出西边雨"是什么原因

这种现象的形成主要与降雨云有关。要想出现降水，必须要有降雨云。在夏季，产生降水的云多为雷雨云。这种云在形成过程中，很难向水平方向扩散，只会在垂直方向上堆积得越来越厚。由于它们在空中覆盖的面积很小，所以在移动和产生降水时，只能形成一片狭小的雨区，于是，我们会发现，同一时间里，有云的地方正在下雨，而不远的地方没有云，还是晴天。

世界上没有龙，龙卷风当然不是龙卷起来的。龙卷风是怎么形成的呢？

龙卷风是从积雨云中发展起来的强烈

好奇指数 ★★★★★

 龙卷风在地上行走像条龙，它是龙卷起来的吗

旋风。旋风中心从积雨云中伸下来，像个长长的象鼻子，有的像一条青龙在空中飞舞，所以称它为龙卷，俗称龙卷风。

龙卷风的外形，最常见的像一个巨大的漏斗，从云中伸向地面，渐渐变窄。龙卷风的范围虽然很小，但风速很大。龙卷风中心的气压非常低，只有正常气压的 30% ～ 40%。因此，在龙卷风经过的路径上，比较密闭的建筑常会发生爆炸性破坏。弱的龙卷风只破坏房屋的门窗；中等强度的龙卷风先揭房顶，后吹倒墙；最强的龙卷风可以把村镇变为废墟，甚至把废墟也清扫干净。美国是世界上龙卷风出现次数最多的国家。

猫 眼石是珠宝中稀有名贵的品种之一。它在阳光的照耀下，会反射出一条耀眼的光线，

猫眼宝石的反光为什么像猫的眼睛一样发生变化

当阳光的光线强弱有变化时，宝石的反光也随之发生粗细的变化，微微晃动宝石，宝石的反光还能随之变动，就像猫的眼睛一样，所以叫"猫眼石"。

　　猫眼石的独特反光，与它的内部结构有关。猫眼石的内部都含有丰富的纤维，有些像针，有些像细管，它们平行排列着。光线照射宝石的时候，这些纤维就会反光。由于宝石是弧面形的，它可以像透镜一样把反射光聚敛成一条亮线，这就是我们看到的"猫眼"。转动宝石时，照到纤维上的光线角度发生变化，反射光的位置自然也随之变化。于是"猫眼"就转动起来了。

水晶是在水里长成的。水晶是一种无色透明的石英结晶体，它的生长环境多是在地底下、岩洞中，需要有丰富的地下水来源。水晶的主要成分是二氧化硅，跟普通的砂子是同一种物质，当二氧化硅结晶完美时就是水晶。

好奇指数 ★★★★★

 水晶是长在水里的吗

水晶的形成条件苛刻，需要地下水中含有饱和的二氧化硅，压力达到大气压力的 2～3 倍，温度要达到 550℃～600℃。天然水晶生成时间很长，而人造水晶 100 多天就长成了。

要想说明这个问题，我们首先要知道雪是怎样形成的。在高空中，大气的温度一般在 0℃ 以下。这时，云雾中的水分能直接凝结在各种各样的微小悬浮颗

水是无色的，雪为什么是白色的呢

粒上，形成细小的水分子晶体。在风的吹动下，这些小晶体在空中互相碰撞，并最终形成了絮状的雪花落到地面上。虽然一个小晶体的表面因为反光弱而显得透明，但多个不同角度小晶体的反光，会使雪花几乎变成一面镜子，能够反射95％以上的太阳光。由于阳光是混合光，看起来是白色的，所以我们看到的雪也就成白色的了。

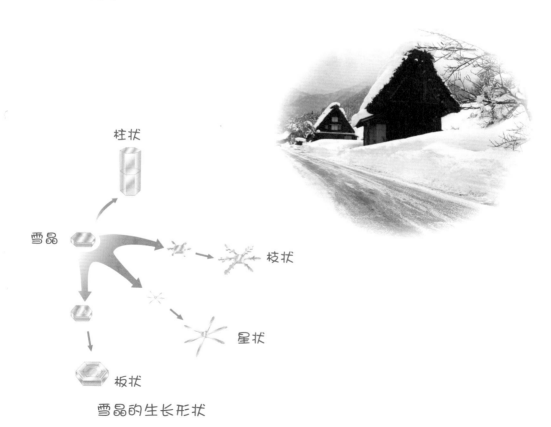

柱状

雪晶

枝状

星状

板状

雪晶的生长形状

人 们能够见到的单个雪花，直径一般为 0.5 毫米～3 毫米，最大也不会超过 10 毫米。这样微小的雪花质量很小，大约 3000 ～ 10000 个雪花加在一起才有 1 克重。1 立方米雪约有 60 亿～ 80 亿个雪花。

好奇指数 ★ ★ ★ ★ ★

雪花到底有多大？
为什么有时是
鹅毛大雪？有时是
小雪花呢

雪花的大小与下雪时的温度有关。文学作品描写大雪天气时，喜欢用"鹅毛大雪"来形容。其实，鹅毛大雪并不是一个雪花，而是由许多雪花粘连在一起形成的雪团。大的雪花不是严寒气候的象征，而是气温接近 0℃时的产物。三九严寒很少出现鹅毛大雪，在非常严寒时形成的雪晶很小；相反，雪花大，说明当时的温度相对比较高。

江 水滔滔不绝是因为大气圈中的水在循环。

海洋和地表的水变成水蒸气，升入天空；空气中大气的运动，将大量水蒸气带到江河的源头地区，变成降水；高山冰川的融化，也给江河的源头提供了丰沛的水量。江水在向海洋奔流的过程中，又融进了无数溪流和小河的水，加上这个过程是循环往复的，江水就滔滔不绝了。

但是，江水也不总是滔滔不绝的，我们的母亲河——黄河已经开始断流了。所以，节约用水、保护水资源是我们的责任。

好奇指数 ★★★★★

江水为什么会滔滔不绝呢 ？

以前，不同的国家对同一个台风有不同的叫法，我国一般按照发生的区域和时间先后进行四码编号，前两位为年

台风的名字很有意思，这些名字都是谁起的

份，后两位为顺序号。美国则用英、美国家的人名命名。

为了避免名称混乱，有关国家和地区举行专门会议研究这个问题，最后做出决定，凡是活跃在西北太平洋地区的台风从 2000 年起，一律使用有亚太 14 个国家和地区特色的统一新名称。这套名称一共有 140 个。除了香港、澳门各有 10 个外，中国大陆提出的 10 个是：龙王、悟空、玉兔、海燕、风神、海神、杜鹃、电母、海马和海棠。这些名称很少含有灾难的意思，大多都有文雅、和平的意思。

地球内部有岩浆，是因为地球的内部很热，高温把固体的岩石都熔化了。

我们知道，地球在最初形成的时候，是一个炽热的火球。后来火球由外向内逐渐冷却，形成了地球坚硬的外壳。由于地球的密封性很好，它的内部仍然是很热的，而且越往地心，温度越高。在地球的地幔层，有许多放射性物质。这些放射性物质在高温下不断分裂，就像原子弹爆炸一样又放出很多的热量。这样地幔在接近地核的地方，温度就达到了1000℃～2000℃。在这么高的温度下，岩石、沙子都熔化成了液体，这液体就是岩浆。

好奇指数 ★★★★★

**地球内部
为什么会
有岩浆呢**

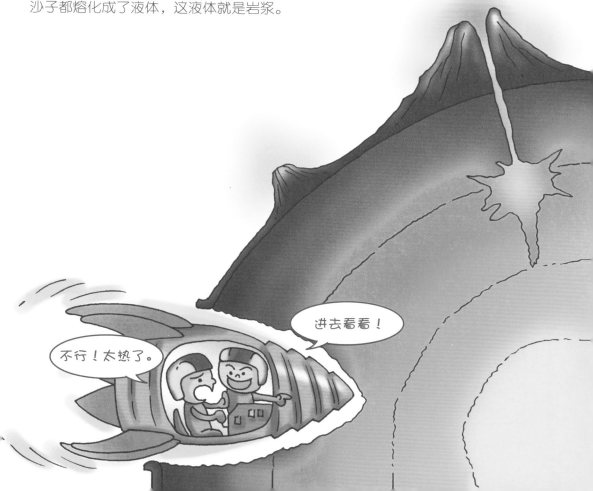

进去看看！

不行！太热了。

河里的石头会移动吗

上游

哎哟喂！

随 波 逐 流 下游

小石头被冲向下游

拉兄弟一把！

它们太轻了

这是重量级的！

大块头

河底的沙很松

bye!

沙子被冲走很多，形成一个坑。

哟！掉坑里了。

咣！

快追妈妈去！

天长日久

耶！

这个大家伙会翻跟头？

大石头向上游翻滚

海水为什么不会干涸

风干物燥

水涨船高

强将手下无弱兵

因果关系示例

只要找到这种联系，就抓住了问题的关键点，再从这一关键点入手，你就可以提出好问题了！

事物与事物之间往往会存在着某种联系。

严师出高徒

根据事物的联系提问

怎样提出好问题

每个孩子都知道怎么提问吗？未必。为什么有的孩子只会简单地问"这是什么？""那是为什么？"问来问去都是差不多的问题，而有的孩子却能提出很有新意、别人从来没问过的问题呢？因为提问也是有方法和技巧的哟！

找出事物的差异提问

事物与事物之间存在着许多差异，这就是事物与事物间不一样的地方。

好问题示例

找出这种差异，提出问题，就可以提出好问题了！

沙子为什么比土容易流动？

人不长尾巴，动物为什么长尾巴？

解决问题·小贴示

找出了事物的差异，再追根寻源，问题就好解决了。

睡觉时为什么会流口水?

被蚊子咬后为什么会起小红包?

解决问题·小贴示

找到了事物的联系,再顺藤摸瓜,原因就会浮出水面了。

好问题示例

在太阳底下晒一天皮肤怎么就变黑了呢?

地图上中国明明在西边,为什么说中国在东半球?

氧是助燃的,水中有氧却为什么能让火熄灭?

抓住事物的矛盾提问

找出事物间的矛盾,提出问题,就可以提出好问题了!

事物与事物之间也存在着矛盾,矛盾是事物间对立的两个方面。

好问题示例

为什么红色是喜庆之色,白色不是?新娘结婚不是穿白色的婚纱吗?

鱼为什么离开水就会死亡,空气里也有氧气呀?

男人为什么大多比女人长得高?

解决问题·小贴示

发现了事物的矛盾,就要抓住这个矛盾,多问几个为什么,问题就会慢慢明朗化了。

中国儿童好问题百科全书
CHINESE CHILDREN'S ENCYCLOPEDIA OF GOOD QUESTIONS
地球万象

总 策 划 　徐惟诚

编辑委员会

主　　编　鞠　萍

编　　委　于玉珍　马光复　马博华　刘金双　许秀华
（以姓氏笔画为序）　许延风　李　元　庞　云　施建农　徐　凡
　黄　颖　崔金泰　程力华　熊若愚　薄　芯

主要编辑出版人员

社　　长　刘国辉
副总编辑　马汝军
主任编辑　刘金双

全书责任编辑　黄　颖

美术编辑　张倩倩　张紫微

绘　　图　饭团工作室　蒋和平　钱　鑫

装帧设计　参天树 TOPTREE　北京升创文化传播有限公司

最美发问童声　周欣然　孙甜甜　蔡尘言　沈漪煊　余周逸　林佳凝　赵甜湉
　徐斯扬　潘雨卉　周和静　周子越　董梓溪　方宇彤　龙奕彤
　马景歆　沈卓彤　翁同辉　夏子鸣　严潇宇　张申壹　赵玉轩
　黄睿卿　孙崎峻　蔺铂雅　李欣霖　郭　垚　侯皓悦　范可盈
　宋欣冉　马世杰　张译尹　卜　茵　王博洋

音频技术支持　北京扫扫看科技有限公司

责任印制　乌　灵